BEI GRIN MACHT SICH IHR WISSEN BEZAHLT

AF155690

- Wir veröffentlichen Ihre Hausarbeit,
  Bachelor- und Masterarbeit

- Ihr eigenes eBook und Buch -
  weltweit in allen wichtigen Shops

- Verdienen Sie an jedem Verkauf

Jetzt bei www.GRIN.com hochladen
und kostenlos publizieren

Bibliografische Information der Deutschen Nationalbibliothek:

Die Deutsche Bibliothek verzeichnet diese Publikation in der Deutschen National-bibliografie; detaillierte bibliografische Daten sind im Internet über http://dnb.d-nb.de/ abrufbar.

Impressum:

Copyright © 2014 GRIN Verlag, Open Publishing GmbH
Druck und Bindung: Books on Demand GmbH, Norderstedt Germany
ISBN: 9783668326828

Dieses Buch bei GRIN:

http://www.grin.com/de/e-book/342749/wir-schmuecken-den-weihnachtsbaum-kombinatorische-aufgaben-zur-weihnachtszeit

Sandra Kappelhoff

"Wir schmücken den Weihnachtsbaum". Kombinatorische Aufgaben zur Weihnachtszeit (Mathematik 3. Klasse Grundschule)

GRIN Verlag

Zentrum für schulpraktische Lehrerausbildung

Seminar Grundschule

Schriftliche Unterrichtsplanung zum Unterrichtsbesuch

im Fach Mathematik

❖ **Thema der Unterrichtsreihe:** Erarbeitung von Darstellungsformen anhand kombinatorischer Aufgaben in der Weihnachtszeit.

❖ **Thema der Unterrichtseinheit:** Wir schmücken den Weihnachtsbaum.

❖ **Klasse:** 18 (9 Mädchen/ 9 Jungen) Klasse 3

Inhalt

1. Einbettung der Einheit in die Unterrichtsreihe

Die zentrale Absicht der Unterrichtsreihe:

Erarbeitung von Darstellungsformen anhand kombinatorischer Aufgaben in der Weihnachtszeit. - Die SuS haben die Möglichkeit kombinatorische Aufgaben mithilfe verschiedener Darstellungsformen (Liste, Tabelle, Baumdiagramm) zu lösen, indem sie die Vor- und Nachteile der verschiedenen Formen aufgabenbezogen kennen lernen.

Darstellung der einzelnen Themen der Unterrichtseinheiten und deren zentrale Absicht:

Einheit	Thema/ inhaltlicher Schwerpunkt	zentrale Absicht
1 Die Socken des Weihnachtsmannes	Wir arbeiten mit dem Baumdiagramm.	Die SuS haben die Möglichkeit mit Hilfe des Baumdiagrammes die Aufgabe zu lösen und neue Begrifflichkeiten sowie Eigenschaften vertiefend zu erarbeiten, indem sie einen Wortspeicher anlegen und sich über die Darstellungsform austauschen.
2 Bunte Weihnachtsgeschenke	Wir arbeiten mit der Tabelle.	Die SuS haben die Möglichkeit mit Hilfe der Tabelle die Aufgabe zu lösen und neue Begrifflichkeiten sowie Eigenschaften vertiefend zu erarbeiten, indem sie einen Wortspeicher anlegen und sich über die Darstellungsform austauschen.
3 Wir bauen Schneemänner.	Wir arbeiten mit der Liste.	Die SuS haben die Möglichkeit mit Hilfe der Liste die Aufgabe zu lösen und neue Begrifflichkeiten sowie Eigenschaften vertiefend zu erarbeiten, indem sie einen Wortspeicher anlegen und sich über die Darstellungsform austauschen.
4 Wir schmücken den Weihnachtsbaum.	Wir wählen eine für uns passende Darstellungsform und erarbeiten Vor- und Nachteile aller drei Formen.	Die SuS haben die Möglichkeit selbstständig eine kombinatorische Aufgabe mit Hilfe einer der drei Darstellungsformen (Liste, Tabelle, Baumdiagramm) zu lösen. Anschließend können sie die Vor- und Nachteile der Formen herausarbeiten, indem sie die Wahl ihrer Darstellungsform präsentieren und im Austausch miteinander reflektieren.

2. Zentrale Absicht der Einheit und Lernchancen

Die SuS haben die Möglichkeit selbstständig eine kombinatorische Aufgabe mit Hilfe einer der drei Darstellungsformen (Liste, Tabelle, Baumdiagramm) zu lösen. Anschließend können sie die Vor- und Nachteile der Formen herausarbeiten, indem sie die Wahl ihrer Darstellungsform präsentieren und im Austausch miteinander reflektieren.

Im Sinne meiner formulierten Absicht eröffne ich folgende Lernchancen:

Auf der **Ebene der Sacherfahrungen** haben die SuS die Möglichkeit,
- durch den handelnden Umgang mit der Aufgabe Kombinationsmöglichkeiten zu finden.
- durch die Anwendung einer strukturierten und systematischen Darstellungsform die Aufgabe zu lösen.
- ihre visuelle Wahrnehmungs- und Denkfähigkeit durch vorausschauendes Durchdenken zu verbessern.
- die Wahl ihrer Darstellung zu präsentieren und zu begründen.
- die Vor- und Nachteile der drei Darstellungsformen herauszuarbeiten und zu reflektieren.
- mathematische Probleme zu verbalisieren.

Auf der **Ebene der Sozialerfahrungen** haben die SuS die Möglichkeit,
- ihre Lösung untereinander zu vergleichen.
- ihre Wahl der Darstellungsform zu präsentieren und zu begründen.
- sich mit anderen kooperativ auszutauschen, zu einigen und zu helfen.
- ihre Lösungswege gemeinsam zu reflektieren.
- die Vor- und Nachteile der Formen gemeinsam zu erarbeiten.

Auf der **Ebene der Individualerfahrungen** haben die SuS die Möglichkeit,
- sich selbst einzuschätzen und eigenständig zu arbeiten.
- durch das Arbeiten mit Hilfe einer strukturierten und systematischen Darstellungsform die Aufgabe zu lösen.
- Sicherheit für das eigene Handeln, Denken, Arbeiten und Lösen zu gewinnen.
- mathematische Probleme zu verbalisieren.
- Arbeitsprozesse und -ergebnisse darzustellen, zu präsentieren und zu reflektieren.
- den Umgang mit strukturierten und systematischen Darstellungsformen zu festigen.

3. Sachinformationen zur Einheit

Die Einheit „Wir schmücken den Weihnachtsbaum" zielt auf die Verwendung verschiedener Darstellungen in der Mathematik ab, mit deren Hilfe man Sachprobleme veranschaulichen und strukturiert sowie systematisch zur Problemlösung gelangen kann. Nach Dedekind (2012, S. 3 ff.) unterscheidet man 4 verschiedene Bereiche, die in der Grundschule Anwendung finden. Dabei handelt es sich um Sprache, Material, Graphen und Symbole. In dieser Unterrichtseinheit werden vorwiegend nur die ersten 3 Bereiche berücksichtigt und im Folgenden beschrieben.

Die Mathematik kommt ohne Sprache, ob gesprochen oder geschrieben, nicht aus und verwendet zudem eine eigene Fachsprache, die es sich anzueignen gilt. Sie ist die Grundlage zur Beschreibung und Reflexion von Vorgehensweisen, wenn man sich über Mathematik austauscht. Zusammenfassend lässt sich festhalten, dass Sprache nicht nur ein Mittel zur Bildung ist, sondern auch der Darstellung eigener Vorstellungen dient.[1]

Konkrete Materialien können für mathematische Darstellungen eine große Hilfe sein, denn mit ihnen lassen sich z.B. innermathematische Zusammenhänge darstellen. Desweiteren können dabei Teilschritte gedanklich vorweggenommen, bereits getätigte Handlungen reflektiert und verbalisiert werden.[2]

Graphische Darstellungsformen, wie z.B. Baumdiagramme, Tabellen und Listen, wie sie in dieser Einheit behandelt werden, stellen veranschaulichte Darstellungen von gesprochener oder geschriebener Sprache dar. Dabei ist darauf zu achten, dass die Übersetzung in beide Richtungen gewährleistet ist. Das Baumdiagramm soll in dieser Unterrichtseinheit als Hilfe für das Bestimmen einer gesuchten Anzahl von Kombinationsmöglichkeiten genutzt werden und stellt solche kombinatorischen Problemstellungen in Pfaden dar. Als weiteres Hilfsmittel für solche kombinatorischen Aufgaben kann man die Tabelle einsetzen, welche sich in Zeilen (horizontal) und Spalten (vertikal) gliedert und eine geordnete Zusammenstellung von Informationen zeigt. In der Liste können kombinatorische Problemstellungen systematisch angeordnet werden, so dass die Möglichkeiten Zeile für Zeile aufgelistet sind.

Die Aufgabe „Wie viele verschiedene Möglichkeiten findest du den Weihnachtsbaum zu schmücken?" lässt sich dem Bereich der Kombinatorik, dem Teilbereich der Stochastik, zuordnen. In der Kombinatorik geht es im Wesentlichen darum, auf wie viele und welche Arten Elemente aus einer Menge ausgewählt und angeordnet werden können. Bei kombinatorischen Fragestellungen lassen sich Permutation, Variation und Kombination unterscheiden, je nachdem ob es sich um ein Anordnungs- oder Auswahlproblem handelt und ob die Reihenfolge der Elemente eine Rolle spielt. Die vier kombinatorischen Grundaufgaben lassen sich anhand der Merkmale „mit / ohne Berücksichtigung der Anordnung" kombiniert mit dem Merkmal „mit / ohne Wiederholung" einordnen.

---

[1] Dedekind, 2012, S.10.
[2] Dedekind, 2012, S.14.

Die Kombinatorik wird auch häufig „als die Kunst des Zählens oder geschickten Zählens bezeichnet"[3], also ein Bestimmen der Anzahl aller möglichen Fälle, ohne dabei jeden einzelnen Fall nennen zu müssen. Die wichtigsten Zählstrategien sind hierbei das Additions- und Multiplikationsprinzip, die in unterschiedlichen Formen strukturiert und systematisch dargestellt werden können, wie beispielsweise mit Hilfe einer Liste, einer Tabelle oder einem Baumdiagramm.[4]

4. Fachdidaktische Analyse

Verschiedene Darstellungen im Mathematikunterricht zu verwenden, fördert in einem hohen Maße die Begriffsbildung und -entwicklung. Kinder sollen im Laufe ihrer Schulzeit lernen, Darstellungen eigenständig zu erzeugen und sich in einem verständigen Umgang damit zu üben. Sie helfen bei der Informationsaufnahme, -speicherung und dem Austausch untereinander, da sie verschiedene Anwendungsebenen, wie Sprache und Zeichen, bereitstellen.

Da der Mathematikunterricht auf sprachlicher Ebene vielfältige Anforderungen an die Lernenden stellt, hat es sich bewährt einen sogenannten Wortspeicher anzulegen, den die SuS zunehmend nutzen können, um von ihrem Sprachgebrauch zur Verwendung mathematischer Fachsprache zu gelangen.

Mit Hilfe von konkretem Material lassen sich Problemstellungen, Lösungswege und Ergebnisse darstellen, worauf im Mathematikunterricht nicht verzichtet werden sollte. Zudem führt es im Lösungsprozess dazu, dass die SuS ihre Handlungen zunächst vordenken müssen und dadurch in der Lage sind sich diese Handlungen in ihre Vorstellung zurückzuholen.

Innerhalb der Unterrichtsreihe wird sich auf die bereits bekannten Darstellungsformen des Baumdiagrammes, der Tabelle und der Liste beschränkt, um die Vorerfahrungen der Kinder, wie es nach dem Spiralprinzip gefordert wird, zu festigen und auszubauen. Alle drei Darstellungsformen eignen sich für das Lösen kombinatorischer Aufgabenstellungen und unterscheiden sich dennoch in wichtigen Eigenschaften, die anhand solcher Problemstellungen erarbeitet werden können.[5]

Die Kombinatorik ist als eine wichtige Voraussetzung für die Wahrscheinlichkeitsrechnung anzusehen, denn Grundlage für die Beurteilung und Berechnung von Zufallssituationen, wie sie im Alltag vorkommen, ist die Ermittlung der Anzahl der Möglichkeiten. Zudem finden sich auch direkte kombinatorische Fragestellungen in der Lebenswelt der SuS wieder, beispielsweise wenn es um die Auswahl der Kleidung geht oder um die Zusammenstellung eines Mittagsmenüs. Die Thematisierung einfacher kombinatorischer Aufgaben soll den Grundstein für weiterführende Problematiken innerhalb der Stochastik legen und das kombinatorische Denken der SuS spielerisch schulen. Hierbei kann man

---

[3] Selter & Spiegel, 2004, S.295.
[4] Selter & Spiegel, 2004, S.291ff.
[5] Dedekind , 2012, S. 3 ff.

sich den Umstand, dass kombinatorische Fragestellungen von SuS oft als Rätsel oder Knobelaufgabe gesehen werden, zunutze machen und mit realen Gegenständen handelnd kombinieren lassen.[6]

In den Richtlinien und Lehrplänen lässt sich die Einheit „Wir schmücken den Weihnachtsbaum." im Inhaltsbereich „Daten, Häufigkeiten, Wahrscheinlichkeiten" mit dem Schwerpunkt „Wahrscheinlichkeiten" wiederfinden. Die Kompetenzerwartungen sind beschrieben mit dem Lösen einfacher kombinatorischer Aufgaben. Im prozessbezogenen Bereich spricht die Einheit das Problemlösen / kreativ sein sowie das Darstellen / Kommunizieren an. Im Folgenden wird stichpunktartig dargestellt, welche Aspekte der beiden prozessbezogenen Bereiche innerhalb der Einheit besonders berücksichtigt werden.

Problemlösen / kreativ sein

Die SchülerInnen

- entnehmen der Einführungsphase die für ihre folgende kombinatorische Aufgabe relevanten Informationen (erschließen).
- probieren zunehmend systematisch und zielorientiert aus (lösen).
- vergleichen und bewerten verschiedene Lösungswege (reflektieren und überprüfen).

Darstellen / Kommunizieren

Die SchülerInnen

- halten ihre Lösungswege fest (dokumentieren).
- stellen ihren Lösungsweg vor und besprechen die Lösungswege anderer Kinder in der Mathe-Konferenz (präsentieren und austauschen).
- setzen eigene sowie fremde Lösungswege in Beziehung und halten die Ergebnisse gemeinsam fest (kooperieren und kommunizieren).
- verwenden in der Mathe-Konferenz den erarbeiteten Wortspeicher (Fachsprache verwenden).[7]

Desweiteren werden die zentralen Leitideen eines Mathematikunterrichts bei der Planung der Einheit beachtet, welche im Folgenden aufgelistet und mit konkreten Unterrichtsaktivitäten verknüpft werden.

Entdeckendes Lernen: Die SuS können durch die Art der kombinatorischen Aufgabe die Vor- und Nachteile sowie Grenzen der verschiedenen Darstellungsformen entdecken.

Beziehungsreiches Üben: Die SuS können ihr Wissen aus den vorigen Einheiten sichern, vernetzen und vertiefen, indem sie sich mithilfe der erarbeiteten Eigenschaften für eine passende Darstellungsform entscheiden und sie auf eine neue kombinatorische Aufgabe anwenden.

---

[6] Ulm, V., 2009.
[7] Richtlinien & Lehrpläne, 2008, S.57ff.

Ergiebige Aufgaben: Die Bearbeitung der kombinatorischen Aufgabe wird auf enaktiver (handelnder), ikonischer (bildlicher) und symbolischer (verbaler und formaler) Ebene angeboten. Auf diese Weise kann sich jedes Kind individuell mit der Aufgabe auseinandersetzen und zu einer Lösung finden, die zum Austausch miteinander und zur gemeinsamen Reflexion anregt.

Vernetzung verschiedener Darstellungsformen: Die SuS können innerhalb der Mathe-Konferenz die Lösung der Aufgabe durch Handlungen mit Material, Bilder und Symbole bildlich oder symbolisch darstellen und ihre Ergebnisse im Austausch versprachlichen. Zudem können sie Beziehungen zwischen den verschiedenen Darstellungsformen (Liste, Tabelle, Baumdiagramm) herstellen.

Anwendungs- und Strukturorientierung: Die Aufgabe den Schmuck eines Weihnachtbaums zu kombinieren soll den Bezug zur aktuellen Jahreszeit herstellen und eine alltagsnahe Problematik aufwerfen. Desweiteren können sich die SuS bei der Bearbeitung der Aufgabe in strukturierten und systematischen Vorgehensweisen üben.

Individuelles Lernen: Die SuS können die Aufgabe auf verschiedenen Darstellungsebenen bearbeiten, ihre Lösungen mit anderen Kindern vergleichen, Entdeckungen zur passenden Auswahl von Darstellungsformen machen, innerhalb der Mathe-Konferenz ihr Lernen selbstständig organisieren und durchführen sowie Einsichten in den Nutzen des Gelernten anhand der alltagsnahen Aufgabenstellung und Erkenntnis über die passende Wahl einer Darstellungsform gewinnen.[8]

---

5. Analyse der Lernaufgabe

In der Unterrichtseinheit „Wir schmücken den Weihnachtsbaum" können die SuS innerhalb einer Mathe-Konferenz die passende Wahl einer Darstellungsform (Liste, Tabelle, Baumdiagramm) in verschiedenen Anforderungsbereichen entdecken. Die kombinatorische Aufgabe lautet: „Wie viele Möglichkeiten gibt es den Weihnachtsbaum zu schmücken" und beinhaltet die Merkmale und Variationen einer orangenen, gelben oder roten Kugel; blaues, weißes oder pinkes Lametta und einem türkisen, lila oder silbernen Stern. Dabei handelt es sich um eine Anordnung mit Wiederholung und ist im Unterschied zu den vorigen Einheiten um ein Merkmal erweitert worden. Dies bedeutet, dass alle Farbvariationen des ersten Merkmals (Kugel) mit den Farbvariationen des zweiten Merkmals (Lametta) und den Farbvariationen des dritten Merkmals (Stern) gesucht werden. Die Anzahl der möglichen Kombinationen beläuft sich somit auf $3 \cdot 3 \cdot 3 = 27$ Möglichkeiten. In Hinblick auf die

---

[8] Richtlinien & Lehrpläne, 2008, S.55ff.

Auswahl der Darstellungsform können die SuS entdecken, dass die Tabelle nicht verwendbar ist, da mit ihr keine Kombination aus drei Merkmalen veranschaulicht werden kann.

Das Arbeiten in der Mathe-Konferenz ist gegliedert in 3 Phasen, die im Folgenden kurz beschrieben werden.

ICH-Phase: Die SuS bekommen den Arbeitsauftrag, lösen die Aufgabe handelnd oder symbolisch in der Einzelarbeit und halten ihr Ergebnis auf einem Arbeitsblatt fest.

DU-Phase: Die SuS bekommen den Arbeitsauftrag, tauschen sich in der Kleingruppe über ihre Lösungswege aus und halten ihre Ergebnisse auf einem Arbeitsblatt fest.

WIR-Phase: Die SuS bekommen eine Reflexionsfrage gestellt und tragen ihre Ergebnisse aus den vorigen Phasen zusammen.[9]

Dabei sollen die Anforderungsbereiche I bis III im Kontext der prozessbezogenen Kompetenzen wie folgt angesprochen werden.

Anforderungsbereich I: Reproduzieren

Die SchülerInnen

- können verschiedene Möglichkeiten des Schmückens angeben, indem sie diese willkürlich mit dem Legematerial suchen und abmalen.

Anforderungsbereich II: Zusammenhänge herstellen

Die SchülerInnen

- können eine systematische und strukturierte Vorgehensweise nutzen, um Kombinationen zu finden
- können dabei Teilstrategien entwickeln und nutzen.

Anforderungsbereich III: Strategien entwickeln / Verallgemeinern

Die SchülerInnen

- können mit Hilfe einer systematischen und strukturierten Darstellungsform alle Möglichkeiten sammeln sowie argumentierend erklären, dass sie alle Kombinationen gefunden haben. Sie können die gewählte Darstellungsform versprachlichen und reflektieren.

---

[9] PIK AS-Team, 2012, S.272ff.

6. Lernvoraussetzungen der Kinder bezogen auf die Lernaufgabe der Einheit

Lernanforderung	Aktueller Lernstand	Handlungskonsequenzen
	in Bezug auf die Sache	
Die SuS bekommen eine neue kombinatorische Aufgabe, die durch ein drittes Merkmal erweitert wurde.	Einige SuS zeigten sich in den bisherigen Einheiten etwas unsicher bei der Zählung der möglichen Kombinationen, obwohl sie mir in den meisten Fällen das richtige Ergebnis nennen konnten.	Ich biete ihnen zur Sicherheit und eigenen Kontrolle ein Lösungsversteck mit allen drei bearbeiteten Darstellungsformen und Ergebnissen an.
	Einigen SuS fällt es noch schwer die Aufgabe direkt mit einer systematischen und strukturierten Vorgehensweise zu bearbeiten.	Ich biete besonders ihnen das Legematerial an, damit sie handelnd an der Aufgabe arbeiten können.
	in Bezug auf Methoden und Medien	
Die SuS arbeiten in einer Mathe-Konferenz, die aus einer Einzel-, Kleingruppen- und Großgruppen-Phase besteht.	Einigen SuS fällt es manchmal schwer konzentriert und kooperativ in der Gruppe zu arbeiten.	Ich achte besonders auf ihre Gruppenaktivitäten und schreite bei Bedarf unterstützend ein. Für wiederholte Störungen wurde die Regel aufgestellt, dass die Gruppe aufgelöst und auf andere Gruppen verteilt wird.
	Bei den bisherigen Gruppenbildungen zeigten einige SuS unkooperatives Verhalten gegenüber J., so dass das Arbeiten in der jeweiligen Gruppe nur bedingt zu Resultaten führte.	Ich behalte mir vor, in einer Situation, in der J. in einer Gruppe abgelehnt wird, auf die Gruppenbildung gemäßigt einzuwirken und sie mit kooperativen SuS zusammen zu bringen.

In der Lerngruppe befinden sich 4 SchülerInnen, deren Lern- und Leistungsschwierigkeiten im Folgenden genauer beschrieben werden sollen.

- A. hat einen sonderpädagogischen Förderbedarf im Bereich emotionale und soziale Entwicklung und Lernen. Er wird jedoch im Mathematikunterricht zielgleich unterrichtet und im Arbeitsverhalten teilweise von der Sonderpädagogin unterstützt, so dass er sich ausdauernd und konzentriert mit der Aufgabe auseinandersetzen und in der Gruppe störungsfrei arbeiten kann.
- M. hat einen sonderpädagogischen Förderbedarf im Bereich Lernen. Er wird ebenfalls zielgleich im Fach Mathematik unterrichtet, da der Förderbedarf zeitnah aufgehoben wird. Auch in diesem Fall wird die Sonderpädagogin unterstützend zur Seite stehen und bei Bedarf Hilfe anbieten.
- Einige SuS weisen eine Lese-Rechtschreibschwäche auf und werden von mir unterstützt, wenn es erforderlich erscheint, wie zum Beispiel beim Lesen der Arbeitsaufträge.

Diese SuS waren in den bereits durchgeführten Einheiten durch das Arbeiten in der Mathe-Konferenz in der Lage das Ziel zu erreichen, da sie von der Struktur und Sozialform dieser Arbeitsweise profitieren konnten.

7. Darstellung des Unterrichtsverlaufs

Methodische Entscheidungen	Begründung
Ich habe mich für die Darstellung des Verlaufs mit Transparenzsymbolen & Plakaten entschieden.	Sie bieten für die SuS eine einfache und strukturierte Orientierung über den Verlauf der Einheit.
Ich habe mich für eine Einführung mit Demonstrationsmaterial entschieden.	Die SuS haben so die Möglichkeit eine genauere Vorstellung von der Problemstellung und der kombinatorischen Aufgabe zu bekommen.
Ich habe mich für die strukturierte Kooperationsform der Mathe-Konferenz entschieden.[10]	Sie bietet den SuS die Möglichkeit in Einzel- und Gruppenarbeit voneinander zu profitieren und fördert die Schulung der prozessbezogenen Kompetenzen.[11]
Ich habe mich für den Einsatz von Legematerial entschieden.	Es bietet den SuS die Möglichkeit sich zunächst handelnd mit der Aufgabe auseinander zu setzen, um auf eine strukturierte und systematische Vorgehensweise zu gelangen.
Ich habe mich für einen Klatschrhythmus als Signal - für Anfang und Ende der Arbeitsphasen - für Kurzinformationen entschieden.	Der Lerngruppe ist das Signal bekannt. Es soll ihnen eine zeitliche Orientierung geben oder zur Mitteilung von Zusatzinformationen dienen.
Ich habe mich für ein „Lösungsversteck" entschieden.	Die SuS haben die Möglichkeit ihre Unsicherheiten abzubauen, indem sie ihre Lösungen mit meinen Lösungen vergleichen.
Ich habe mich für die begleitende Erarbeitung eines Wortspeichers entschieden.	Die SuS haben somit eine Grundlage, die sie selbst erarbeitet und in den Phasen des Austauschs und der Reflexion nutzen können.
Ich habe mich für die Gesprächsmethode der Meldekette entschieden.	Die SuS gestalten damit den Unterricht zunehmend selbstständiger.

---

[10] PIK AS-Team, 2012, S.272ff.
[11] PIK AS-Team, 2012, S.272ff.

8. Lernkomponenten

Initiation

- Begrüßung und Vorstellung des Besuchs
- Einstieg in die heutige Stunde durch das Schmücken eines Weihnachtsbaumes

Was? Finde zur Lösung der Aufgabe eine passende Darstellungsform und arbeitet gemeinsam die Vor- und Nachteile der Formen heraus.

Wie? Mathe-Konferenz (Ich - Du - Wir - Phase)

Wozu? Bewertung der Darstellungsformen

Orientierung

- Was, Wie, Wozu
- Einstieg in die Stunde durch das Schmücken eines Weihnachtsbaumes
- Mathe-Konferenz
  - Ich-Phase
  - Du-Phase
  - Wir-Phase
- Verabschiedung

Integration

Die SuS können ihre Erkenntnisse und Erfahrungen, die sie im Rahmen der Unterrichtsreihe gemacht haben, weiterentwickeln. Im Bezug auf die Einheit können die Kinder Beziehungen zwischen den ihnen bekannten Darstellungsformen herstellen.

Transformation

Arbeitsauftrag:

- Ich-Phase: Bearbeite die kombinatorische Aufgabe mit einer passenden Darstellungsform deiner Wahl und notiere sie.
- Du-Phase: Präsentiere und begründe deinen Lösungsweg in der Gruppe, vollziehe andere Lösungswege nach und notiere ihre Vor- und Nachteile.

Sozialform: Einzelarbeit, Gruppenarbeit

Material: Klammern mit Namen, Arbeitsblätter, Sprechblase (Anregungen zum Austausch), Legematerial

Reflexion/Präsentation

Reflexion durch die einleitende Frage: „Welche Vor- und Nachteile bieten die verschiedenen Darstellungsformen?"

Sozialform: Kinokreis

Medien: Reflexions-Plakate, Wortspeicher-Plakat

9. Literaturverzeichnis

Dedekind, B. (2012): Darstellen in der Mathematik als Kompetenz aufbauen. Steigerung der Effizienz des mathematisch-naturwissenschaftlichen Unterrichts. Kiel: SINUS.

Ministerium für Schule und Weiterbildung des Landes Nordrhein-Westfalen (2008) (Hg.): *Richtlinien und Lehrpläne für die Grundschule in Nordrhein-Westfalen*. Ritterbach Verlag: Frechen 2008.

Müller, T.; Rost, H.-P. & Wolf, D. (1992): *Das große Mathematik Buch - Für Schule und Berufsalltag*: Grundrechenarten, Mengenlehre, Algebra, Geometrie, Differential- und Integralrechnungen. Köln: Naumann & Göbel.

PIK AS-Team (2012): *Mathe ist Trumpf – Materialien zum kompetenzorientierten Mathematikunterricht aus dem Projekt PIK AS*. Berlin: Cornelsen.

Selter, Ch. & Spiegel, H. (2004): *Elemente der Kombinatorik*. In: G. Müller, H. Steinbring & E. Ch. Wittmann (Hrsg.): Arithmetik als Prozess. Seelze: Kallmeyer, S. 291-310.

Ulm, V. (2009): *Stochastik - Teil mathematischer Bildung. Entdeckungen mit Stochastik in der Grundschule*. In: Grundschulmagazin 2/09. Daten, Häufigkeit und Wahrscheinlichkeit. Bielefeld: Oldenbourg.

Beispiel für DU-Konferenz-Arbeitsblatt

Mathe-Konferenz   **DU**

- Vergleicht eure verschiedenen Darstellungsformen!

- Überlegt euch Vor- und Nachteile zu allen 3 Darstellungsformen!

Beispiel für Tafelbild „Vor- & Nachteile" und „Fazit"

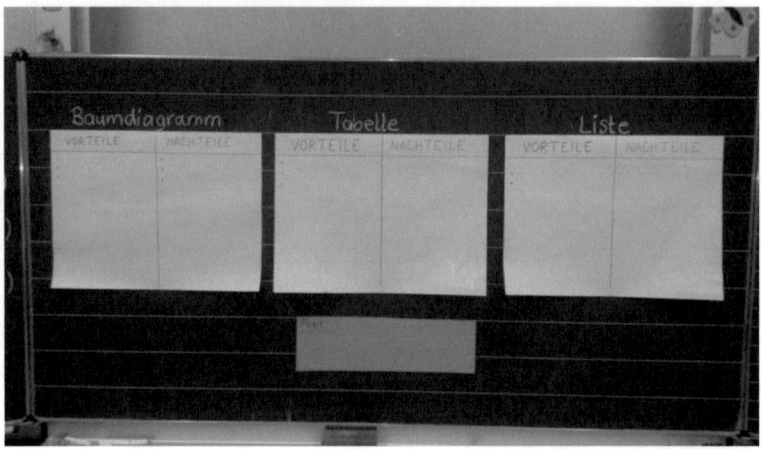